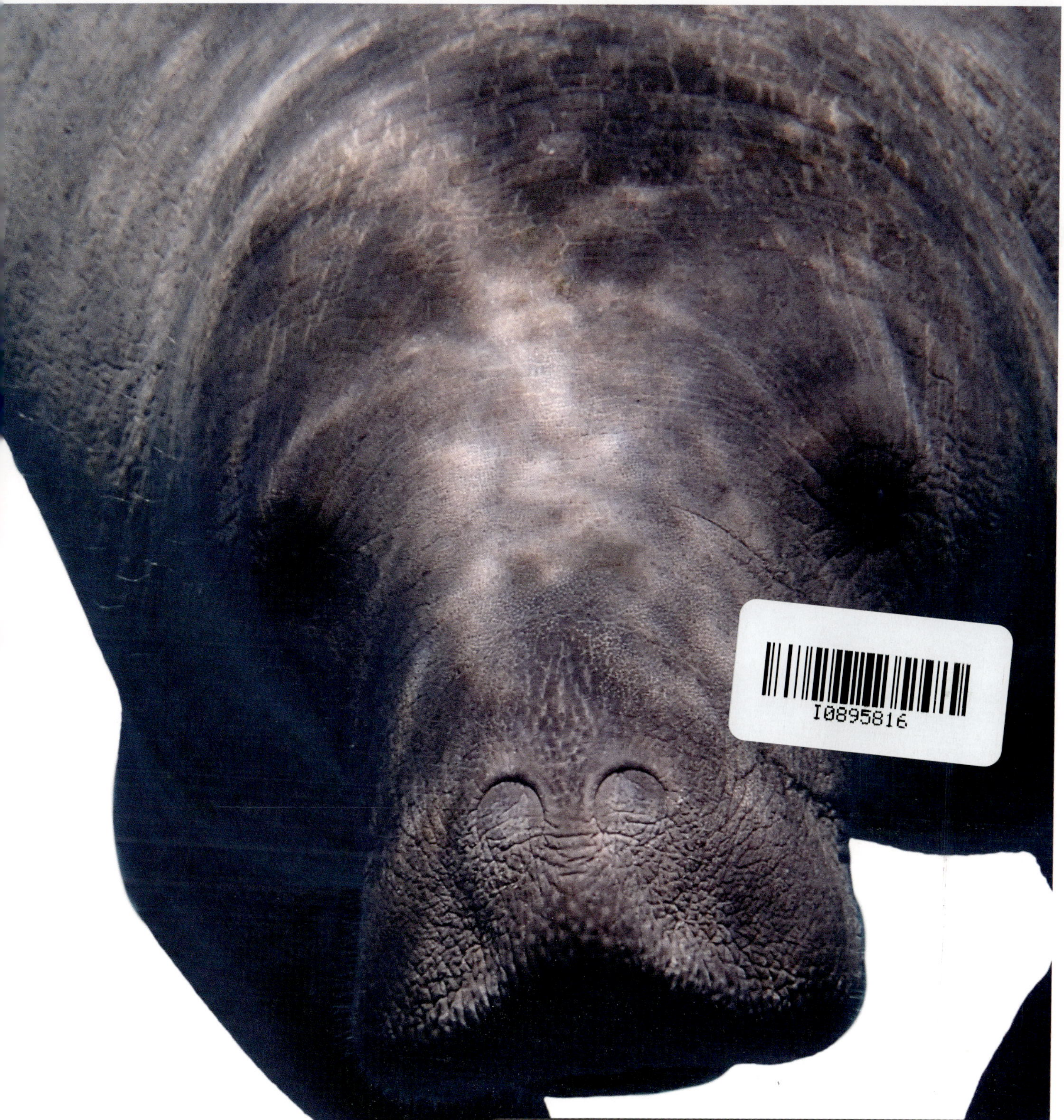

UN FOCO EN LA NATURALEZA

EL MANATÍ

LISA M. BOLT SIMONS

CREATIVE EDUCATION - CREATIVE PAPERBACKS

Publicado por Creative Education y Creative Paperbacks
P.O. Box 227, Mankato, Minnesota 56002
Creative Education y Creative Paperbacks
son sellos de The Creative Company
www.thecreativecompany.us

Diseño de Blue Design, Inc.
Dirección artística de Graham Morgan
Editado por Jill Kalz

Fotografías de Alamy Stock Photo/David Fleetham, 16, Jeff Mondragon, 27, WaterFrame_mus, 21; flickr/Biodiversity Heritage Library, 3, 8, 10, 14, 16, 20, 22, 28; Getty Images/Colors and shapes of underwater world, 4-5, Gregory Sweeney, 12, 14, James R.D. Scott, 21, Jeff Foott, 23; iStock/Amanda Cotton, 18; National Geographic Creative/Brian Skerry, 28; Pexels/Jakub Pabis, 15, Rene Ferrer, 17; Shutterstock/24, Dennis Tokarzewski, 29, Liquid Productions, LLC, 29; Unsplash/Maegan Luckiesh, portada, 1, NOAA, 6, Robin Teng, 9, 10; Wikimedia Commons/Gerson Barreiros, 29, Vardhanjp, 11

Library of Congress Cataloging-in-Publication Data
LCCN: 2024053971
Library binding ISBN: 9798889899242
Paperback ISBN: 9781682779644
eBook ISBN: 9798895810033

Impreso en India

CONTENIDO

CONOCE A LA FAMILIA

MANATÍES DE FLORIDA

del Refugio Nacional de Vida Silvestre de Crystal River

A una hora al norte de Tampa, Florida, tierra adentro desde el Golfo de México, se encuentra Kings Bay. Dentro y alrededor de esta bahía hay 20 islas, bahías y ríos que forman el **Refugio** Nacional de Vida Silvestre de Crystal River. Creado en 1983, este refugio de 32 hectáreas (80 acres) es la única zona que protege específicamente al manatí de Florida.

Más de 70 manantiales bombean 2.300 millones de litros (600 millones de galones) de agua dulce al día a la bahía de agua salada. Nutrias, osos negros, caimanes y cientos de especies de aves comparten el refugio. También lo hacen los grandes mamíferos marinos llamados manatíes.

Es abril, y el agua del golfo de Florida empieza a calentarse con la llegada del verano. Parejas de madres y crías de manatí nadarán pronto por estas aguas costeras.

Una hembra de manatí ha esperado cerca de un año este momento. Flota en el agua y respira cada 30 segundos. Se revuelca una y otra vez. Se está preparando para dar a luz.

PRIMER PLANO

Glándulas mamarias

Una cría de manatí bebe leche de su madre justo después de nacer. Como todos los mamíferos, las hembras de manatí tienen glándulas mamarias. Las glándulas del manatí se encuentran en la parte posterior de las aletas.

CAPÍTULO UNO

LA VIDA COMIENZA

Los manatíes, también conocidos como vacas marinas, son mamíferos marinos gráciles a pesar de su tamaño. Los adultos miden una media de 3 metros (10 pies) y pesan entre 363 y 544 kilogramos (800–1.200 libras). Los manatíes tienen un cuerpo largo y grueso que se estrecha en una cola en forma de remo. Tienen dos aletas. Su hocico está provisto de bigotes. Los manatíes son grises, pero a veces tienen **algas** marrones o verdes que crecen en su piel peluda. Estos animales nunca salen del agua, pero deben subir regularmente a la superficie para respirar aire.

Existen tres especies de manatíes: el antillano, el amazónico y el africano. Todas están **amenazadas**. Las tres especies de manatíes vienen determinadas generalmente por el lugar donde viven. Los manatíes antillanos se encuentran a lo largo de la costa norteamericana, desde Florida hasta Brasil. Viven en agua salada y dulce. El manatí amazónico vive en el río Amazonas. Esta especie sólo puede sobrevivir en agua dulce. El manatí africano vive en ríos interiores

HITOS DE MANATÍ

DÍA 1

- Nace en el agua
- Respira por primera vez
- Peso: entre 27 y 32 kg (60–70 libras)

y canales a lo largo de la costa de África. Los científicos son los que menos saben de esta especie.

Los manatíes comen mucho. En su mayoría herbívoros, consumen hasta el 10 por ciento de su peso corporal en 24 horas. Los manatíes de Florida, una subespecie del manatí antillano, comen más de 60 tipos de plantas. El manatí de África Occidental se come campos enteros de arroz plantado. Los manatíes antillanos, otra subespecie del antillano, han sido observados comiendo carne, concretamente almejas y pescado. Durante las estaciones secas, cuando baja el nivel del agua y escasea la vegetación, los manatíes amazónicos **ayunan**. Pueden ayunar durante meses.

PRIMER PLANO

Huesos

Los huesos de las costillas humanas tienen una sustancia esponjosa en su interior llamada médula. Los huesos de las costillas de los manatíes son sólidos. Los huesos sólidos hacen que la densidad corporal del manatí sea igual a la del agua, creando una "flotabilidad neutra". El manatí no flota ni se hunde.

A menudo se ven grandes grupos de manatíes juntos. Pero los grupos varían y cambian en cuanto al número de machos, hembras y edades. Los manatíes

FAMILIA DESTACADA

Bienvenido al mundo

Escondida en una cala poco profunda y tranquila, la hembra de manatí se revuelca una y otra vez, flexionando la cola. Mientras gira en el agua, una cría de manatí empieza a salir de su cuerpo, de cabeza. También sale la sangre que ayudó a nutrir al recién nacido antes de nacer. En cuanto la cría ha salido del agua, la madre la empuja hacia la superficie. La cría toma su primera bocanada de aire. Durante la siguiente hora, depende de su madre para mantenerse a flote.

no son agresivos ni territoriales, ya que comen, viajan, exploran y socializan. La unidad social básica del manatí es la madre y su cría.

Los manatíes adultos y sanos no tienen depredadores naturales. Los humanos, con sus barcos y redes de pesca, son la mayor amenaza. Los tiburones, cocodrilos y caimanes pueden aprovecharse de los manatíes jóvenes o enfermos, pero no suelen compartir las mismas aguas. Los manatíes machos no protegen a sus crías, llamadas ballenatos, pero sí lo hacen las madres. Utilizan su cuerpo como escudo protector o simplemente se alejan nadando del peligro con su cría. Una cría huérfana no puede sobrevivir sin su madre.

(1) SEMANA

- Aprende a nadar
- Cuida bajo el agua
- Vocaliza con la madre

PRIMER PLANO

Pulmones

Los manatíes reemplazan el 90 por ciento del aire de sus pulmones con una respiración. En comparación, cuando los humanos respiran, sólo lo hacen en un 10 por ciento. Los manatíes pueden permanecer bajo el agua hasta 20 minutos sin necesidad de respirar.

FAMILIA DESTACADA

Primera comida

La cría de manatí no puede comer vegetación nada más nacer. Debe alimentarse de su madre. Tras su primera bocanada de aire, la cría nada cerca del cuerpo de su madre. Sabe dónde encontrar uno de sus pezones, justo en la parte posterior de una aleta. La cría bebe la leche caliente durante dos o tres minutos seguidos. Al cabo de unas horas, la cría y su madre se instalan en la cala. El recién nacido mama cada 45 o 60 minutos mientras se acostumbra a su nuevo hogar.

El

DUGONGO,

con su cola parecida a la de un delfín, es un primo fornido del manatí.

(3) SEMANAS

- Sigue amamantando
- Empieza a comer plantas
- Empieza a aprender rutas de viaje

PRIMER PLANO

Orejas

Aunque el manatí no tiene tejido externo, ¡tiene orejas! Tiene un pequeño orificio a cada lado de la cabeza, justo detrás de los ojos. Los oídos del manatí son especialmente buenos para captar sonidos agudos.

CAPÍTULO DOS

PRIMERAS AVENTURAS

A medida que la cría de manatí crece, se mantiene cerca de su madre. En lugar de nadar en fila india, como hará de adulto, la cría nada junto a su madre. La cría puede nadar mucho más fácilmente justo detrás de la aleta de su madre. También se cree que la pareja puede comunicarse mejor cuando están uno al lado del otro.

Al nacer o poco después, la cría vocaliza con su madre. Los manatíes pían, silban, chirrían y gruñen. Hacen estos sonidos por miedo, enfado o como un simple contacto de "¿Dónde estás?", dependiendo de la situación. Dado que los manatíes y sus crías pasan tanto tiempo juntos, vocalizar es una experiencia de unión significativa para la pareja.

La madre enseña a su cría las rutas de **migración**, dónde alimentarse y descansar, y la ubicación de los refugios en aguas cálidas. Durante el verano, se han visto manatíes de Florida tan al oeste como Texas y tan al norte como Massachusetts, pero no es frecuente. Viajan sobre todo por el estado de Florida. También se les ve ocasionalmente por Alabama, Georgia y Carolina del Sur.

8 MESES

- Bebe más leche que nunca
- Añade más plantas a su dieta

PRIMER PLANO

Labios

El pariente terrestre más cercano del manatí es el elefante. Como una trompa mucho más corta y pequeña, los labios superiores del manatí se mueven separados entre sí. Esta característica corporal ayuda al animal a agarrar y llevarse la vegetación a la boca.

FAMILIA DESTACADA

Sólo una prueba

La cría recién nacida continúa amamantando mientras sigue a su madre a través de las bahías y alrededor de las islas desde el refugio hasta la costa de Florida. A medida que encuentran calas poco profundas, bahías y puertos, se detienen para que la madre pueda comer. A medida que pasan las semanas, la cría también empieza a intentar comer las malas hierbas, algas y pastos que se encuentran en el agua salada. La madre pasa entre seis y ocho horas al día comiendo. La cría pasta un poco, pero se alimenta principalmente de leche materna.

Cuando los manatíes de Florida regresan a sus hábitats preferidos de apareamiento y recolección para el invierno, algunos han encontrado refugio en centrales eléctricas. El lugar donde las centrales eléctricas vierten el agua al océano, llamado **efluente**, es cálido y acogedor para los mamíferos. Sin embargo, a los conservacionistas les preocupa que las viejas centrales eléctricas se cierren para dar paso a nuevas fuentes de energía. Si eso ocurre, los manatíes tendrán menos lugares donde calentar sus cuerpos.

1 AÑO

- Puede vivir sin la leche materna si es necesario

PRIMER PLANO

Vello corporal

Los finos pelos que recubren el cuerpo del manatí contribuyen al sentido del tacto de este mamífero. Si hay cambios en las corrientes de agua, los manatíes los sienten. Esto es útil para detectar a otros animales o embarcaciones.

FAMILIA  DESTACADA

Pruébalo

Es junio y el ternero tiene dos meses. Ha crecido, gracias a la leche de su madre. La pareja sigue emigrando hacia el sur por la costa de Florida, la cría sigue nadando al lado de su madre. En una tranquila cala, los dos encuentran un lecho de hierba de tortuga. La madre empieza a pastar, tirando de la espesa vegetación de unos centímetros de altura con los labios. La cría también lo hace. La cría se cansa, nada más cerca de su madre y se pone a mamar. Mañana intentará pastar de nuevo.

LOS MANATÍES ADULTOS no temen a los caimanes y se limitan a darles un codazo para apartarlos de su camino.

18 MESES

- Abandona lentamente la leche
- Come principalmente plantas

PRIMER PLANO

Aletas

Los manatíes tienen dos aletas delanteras. Las utilizan para nadar, así como para tocarse y consolarse. Los huesos de la aleta están articulados y se parecen a los de una mano humana. Estas articulaciones ayudan a los manatíes a sujetar objetos.

CAPÍTULO TRES

LECCIONES DE LA VIDA

Cuando la cría deja de mamar, aproximadamente a los dos años, abandona a su madre. Con el tiempo, las hembras estarán preparadas para tener sus propias crías recién nacidas. Están listas para aparearse entre los tres y los cinco años. Los machos están listos entre los cinco y los siete años. Cuando llega el momento de aparearse, a una hembra, llamada vaca, le siguen una docena o más de machos, llamados toros. Este grupo se denomina manada de apareamiento. La hembra gira y se retuerce mientras los machos intentan mantenerse cerca de ella. Los machos compiten por ser el primero en aparearse.

El embarazo de la hembra dura aproximadamente un año. Da a luz a una cría en primavera o a principios de verano. Los gemelos son raros. Se separa de la manada antes de dar a luz. El macho no tiene nada que ver con su familia. Los manatíes dan a luz cada dos a cinco años.

2 AÑOS

- **Deja de amamantar**
- **Deja a la madre**

La madre amamanta a su cría durante un máximo de dos años. Una vez que la cría ha dejado de mamar y sólo come vegetación, se va por su cuenta.

Los manatíes son en parte sociales. Cuando no forman parte de una pareja madre-cría, pueden vivir solos o en grupo. En compañía de otros manatíes, se les ha observado jugando juntos. A veces surfean sobre las corrientes bajo las presas. Otras veces, los manatíes juegan a seguir al líder. Dos o más manatíes nadan en fila india. Se coordinan para bucear, respirar y cambiar de dirección. Los grupos de manatíes están siempre en movimiento y cambian constantemente.

Los manatíes están hechos para la vida subacuática. Sus pulmones retienen aire durante 20 minutos cuando los mamíferos descansan. Gracias a las células cónicas y de bastones de sus **retinas**, los manatíes pueden ver bien tanto en aguas claras como turbias. Sus fosas nasales se cierran cuando están

FAMILIA DESTACADA

Así se hace

La cría y su madre han regresado al Refugio Nacional de Vida Silvestre de Crystal River para pasar el invierno. La cría tiene ahora ocho meses. Juntos, la pareja nadó alrededor de Florida, hasta Georgia, y de vuelta. El agua del refugio no sólo es deliciosamente cálida, sino que está llena de vegetación acuática, como la hierba marina y la hydrilla. La cría está bebiendo más leche que nunca, y también ha mejorado mucho a la hora de comer plantas. Ha estado observando atentamente a su madre. Ha sido una buena maestra.

PRIMER PLANO

Dientes

Como los manatíes comen tan a menudo, los dientes nuevos sustituyen a los viejos durante toda su vida. Los dientes se llaman "molares marchantes". Cuando el conjunto de molares delanteros se desgasta, el conjunto de molares traseros se desplaza, o "marcha", a ese lugar delantero.

(3) AÑOS

- Hembras listas para reproducirse

(5) AÑOS

- Machos listos para reproducirse

bajo el agua y sus riñones regulan la ingesta de sal. Las crías aprenden de sus madres a navegar por las aguas.

Los manatíes viven unos 40 años en libertad y 60 o más en cautividad. Aunque los adultos no tienen depredadores naturales, las tres especies de manatíes se consideran vulnerables a la **extinción**. La interferencia humana, la pérdida de hábitat, el aplastamiento por las compuertas de los canales y los fenómenos meteorológicos amenazan la supervivencia de los animales.

PRIMER PLANO

Vértebras

La mayoría de los mamíferos tienen siete pequeños huesos en el cuello llamados vértebras. Los manatíes sólo tienen seis. Un hueso menos significa que los manatíes no pueden girar la cabeza. Deben girar o rodar todo el cuerpo para ver, lo que les hace parecer más gráciles.

FAMILIA DESTACADA

La práctica hace al maestro

Con un año y medio, la cría de manatí bebe la menor cantidad de leche de su vida. Sigue mamando, pero ahora su ingesta es la más alta de su vida. La cría ha viajado con su madre dos veces por Florida. En cada cala y puerto ha consumido algas y hierbas submarinas, acercándose a los 45 kg (100 libras) de comida diaria, igual que su madre. Pronto, la cría dejará de mamar y se alejará de su madre, buscando su propio camino hacia la comida y las aguas cálidas.

Los gráciles manatíes son las

"SIRENAS"

de los ríos y mares.

(40) AÑOS

- Fin de la vida en la naturaleza

(60) AÑOS

- Fin de la vida en cautividad

CAPÍTULO CUATRO

PROTEGIENDO AL MANATÍ

Los exploradores del mundo registraron a finales del siglo XIV los primeros avistamientos de manatíes, afirmando que eran sirenas. El orden Sirenia procede de la leyenda griega de las sirenas, seres de aspecto humano que cantaban a los marineros para hacerlos chocar contra las rocas.

Uno de los parientes del manatí era la vaca marina de Steller. Alcanzaba los 9,1 m (30 pies) de longitud y pesaba cerca de 4.082 kg (9.000 libras). Descrita por primera vez por exploradores a mediados del siglo XVIII, la vaca marina fue cazada hasta su extinción apenas tres décadas después. Era apreciada por su carne y su grasa.

Los manatíes actuales también son cazados por su carne. A veces las redes de pesca los atrapan, impidiéndoles subir a la superficie para respirar y provocándoles el ahogamiento. Los accidentes de navegación han causado la mitad de las muertes de manatíes antillanos. Incluso si los manatíes escapan a la muerte, las hélices afiladas de los barcos suelen dejarles cicatrices.

La contaminación también es un problema para los manatíes. Los grandes crecimientos de algas llamados "floraciones" pueden ser el resultado de la escorrentía de fertilizantes de granjas y céspedes. En algunos casos, las algas sobrealimentadas liberan toxinas que pueden afectar negativamente a la vida marina, las aves y las personas. La floración suele teñir el agua de rojo. Los manatíes que entran en contacto con una "marea roja" dañina pueden quedar paralizados y asfixiarse.

Pero no todo está perdido. El gobierno federal de EE.UU. es una esperanza. Tanto la Ley de Protección de Mamíferos Marinos de 1972 como la Ley de Especies en Peligro de 1973 fueron aprobadas por los legisladores para ayudar a proteger al manatí. Como parte de estas protecciones, intentar alimentar o tocar a los animales es ilegal.

Las organizaciones también están intentando salvar a estas criaturas acuáticas. La misión del Save the Manatee Club es no sólo proteger al animal, sino también su hábitat para las generaciones venideras. La Manatee Rescue & Rehabilitation Partnership, creada en 2001, trabaja con zoológicos, acuarios y otras organizaciones para rescatar, rehabilitar y liberar manatíes. Los socios también estudian la biología y la salud de los manatíes y proporcionan información sobre el animal a través de la educación pública.

Los manatíes son criaturas increíbles y gentiles. Ayudarles a seguir recuperándose de la disminución de su número y proteger su hábitat permitirá a los manatíes prosperar durante generaciones.

INSTANTÁNEAS

El manatí está estrechamente emparentado con dos animales muy diferentes que viven en la actualidad: el elefante y el pequeño hyrax (conejo de las rocas).

Los manatíes dejan "huellas". Cuando nadan, los manatíes hacen ondulaciones ovaladas en el agua que muestran dónde han estado.

Aunque suelen moverse lentamente, los manatíes pueden nadar hasta 24 kilómetros (15 millas) por hora en cortas ráfagas.

Los manatíes antillanos y amazónicos tienen de tres a cuatro "uñas" en cada aleta delantera.

Los científicos pueden estimar la edad de un manatí observando las capas de crecimiento de los huesos de sus orejas.

Los manatíes no pueden estar en agua más fría de 20 grados Celsius (68 grados Fahrenheit) durante mucho tiempo. Prefieren el agua que se mantiene a unos 22 °C (72 °F).

En la década de 1970, sólo había unos cientos de manatíes de Florida en libertad. Gracias a los esfuerzos de conservación, hoy en día hay más de 6.000.

El cerebro del manatí es liso, y el tamaño de su cerebro comparado con el tamaño de su cuerpo es el menor de cualquier mamífero.

El manatí amazónico debe vivir y comer en agua dulce.

El manatí amazónico es el más pequeño de la especie. Suele tener manchas blancas en el vientre.

PALABRAS para saber

alga	organismo parecido a una planta que crece principalmente en el agua
amenazado	no en peligro pero que aún necesita protección
ayunar	no comer
efluente	material de desecho industrial, como humo o agua, liberado en el medio ambiente
extinción	estado de dejar de existir
migración	acto de viajar de un lugar a otro, normalmente para alimentarse o reproducirse
refugio	un lugar que proporciona protección
retina	la membrana sensorial que recubre el ojo

Visita

CINCINNATI ZOO

Los manatíes viven aquí temporalmente mientras se rehabilitan antes de ser devueltos a las aguas de Florida.

3400 Vine Street
Cincinnati, OH 45220

CRYSTAL RIVER NATIONAL WILDLIFE REFUGE

Este refugio es la única zona que protege exclusivamente al manatí de Florida.

1502 SE Kings Bay Drive
Crystal River, FL 34429-4661

HOMOSASSA SPRINGS STATE WILDLIFE PARK

Camina por el Observatorio Submarino para ver nadar a los manatíes.

4150 S. Suncoast Blvd.
Homosassa, FL 34446

ÍNDICE